玻璃罐，
蔬果变形计：
思慕雪、沙拉、排毒水……

[日] WOONIN 著　　谷雨 译

开启玻璃罐，
开启丰富多彩
的每天

光明日报出版社

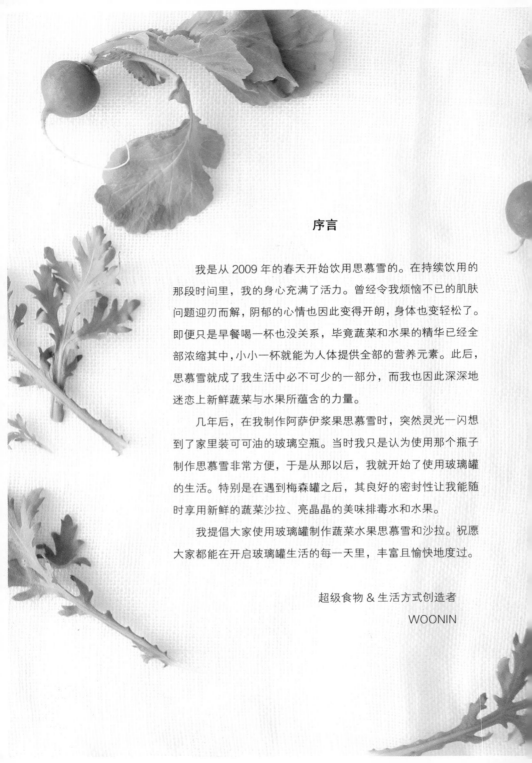

序言

我是从 2009 年的春天开始饮用思慕雪的。在持续饮用的那段时间里，我的身心充满了活力。曾经令我烦恼不已的肌肤问题迎刃而解，阴郁的心情也因此变得开朗，身体也变轻松了。即便只是早餐喝一杯也没关系，毕竟蔬菜和水果的精华已经全部浓缩其中，小小一杯就能为人体提供全部的营养元素。此后，思慕雪就成了我生活中必不可少的一部分，而我也因此深深地迷恋上新鲜蔬菜与水果所蕴含的力量。

几年后，在我制作阿萨伊浆果思慕雪时，突然灵光一闪想到了家里装可可油的玻璃空瓶。当时我只是认为使用那个瓶子制作思慕雪非常方便，于是从那以后，我就开始了使用玻璃罐的生活。特别是在遇到梅森罐之后，其良好的密封性让我能随时享用新鲜的蔬菜沙拉、亮晶晶的美味排毒水和水果。

我提倡大家使用玻璃罐制作蔬菜水果思慕雪和沙拉。祝愿大家都能在开启玻璃罐生活的每一天里，丰富且愉快地度过。

超级食物 & 生活方式创造者
WOONIN

目录

PART 1

使用完整的蔬菜与
水果清洁身体
玻璃罐饮品

色彩艳丽的排毒水

蓦然回首，
才发现早晨已经变成一天中最为享受的时刻。

快乐的早晨
由
玻璃罐思慕雪
开始

绿色排毒的早晨

令人愉悦的蓝天

有时我会在清晨使用玻璃罐制作午餐。
玻璃罐沙拉、阿萨伊浆果思慕雪、奇亚籽布丁。

艳丽的红色饮品

清晨

梅森罐是什么？

梅森罐是 1858 年发明的保存用玻璃瓶，以 Ball（波尔）公司的产品最为有名。昔日为了保存食物而广为使用的梅森罐，最近正渐渐由其发源地——美国流行开来。随着它的广泛应用，人们发现它不仅能制作饮品和沙拉，其他的用途也被慢慢发掘。

BALL

波尔

这是美国一家知名的品牌老店，100 年前他们就开始制作梅森罐。瓶身上的透明浮雕 logo "Ball" 大受欢迎。

+

有刻度更便利！

虽然市面上有多种多样的玻璃罐，但选择这种带有刻度的玻璃罐可以在制作时更好地掌握食材的量。

两层的盖子是重点！

梅森罐最大的特征就是其盖子分为内盖和外框两部分。这种设计使得密封性极高，食物得以长期保存。

BASIC!

常规口

直径约 7cm。狭窄的瓶口使其适合用于制作思慕雪等饮品。现在市面上的商品主要分为 240mL、480mL、950mL 等尺寸。480mL 可制作出略少于 2 杯的思慕雪。

宽口

直径约 8.5cm。较大的瓶口更适合制作沙拉等食物。现在市面上的商品主要分为 245mL、480mL、700mL、950mL、1900mL 等容量。480mL 可制作 2 或 3 人份的沙拉。

SMALL!

用于甜品的小型玻璃罐

120mL、240mL 的迷你玻璃罐适合制作 1 人份的甜点。左边的苏格兰格纹款为 Ball 公司的系列产品之一。

DRINK!

手持更易饮用

若要用于制作饮品，此款有手柄的玻璃罐更为便利。左侧的玻璃罐是 Ball 公司与 lifestyle shop（时尚生活小铺）的"SALON adam et ropé"共同设计的产品。

为了方便饮用而更换盖子

梅森罐有各种盖子等变化丰富的附属品。只要将内盖更换成带有吸管孔的，就能将其轻松变成饮用瓶！

边走边喝时

"cuppow"是一种形状与梅森罐正好配套的内盖，它是将梅森罐转变成旅行水瓶的神奇工具。能让人边走边喝时不至于将饮品洒出。

使用纸吸管更添可爱度

使用塑料吸管也可以，而印有多彩花纹的可爱纸质吸管在保证了美观的同时，卫生方面也完全不用担心。

其他玻璃罐

除了 Ball 公司的的梅森罐，
世界各地都有生产保存用的玻璃罐。
寻找自己喜欢的罐子也是一大乐趣！

LE PARFAIT

乐芭菲

这是 1935 年法国生产的保存罐品牌。盖子的种类和瓶子的形状、大小等都有多种不同选择。

使用两层盖子增加密封性

"双层盖子玻璃罐"的设计，是指关好内盖后再用外盖进一步阻隔空气，来保证其密封性。

大小区分用途

500mL（右）适合制作 2 或 3 人份的沙拉或便当。200mL（左）则更适合制作甜品和沙拉调料。

橡胶密封圈更为方便

自从使用了橡胶密封圈后，也出现了使用金属盖子的产品。我经常使用瓶口宽广的"卡扣玻璃罐"来制作沙拉。

用可爱的玻璃瓶和塑料瓶盛装饮品

可爱的玻璃瓶和塑料制轻型瓶子能享受到与普通玻璃瓶迥然不同的乐趣。特别是 aladdin（阿拉丁）的塑料制轻型瓶，它轻小的重量方便轻松携带。

从左向右分别为美国"aladdin"（阿拉丁）的梅森罐、杂货店"Seria"（诗里亚）的保存瓶、果酱空瓶。

KILNER

克尔纳

英国的老牌玻璃生产商生产的保存瓶。盖子除了双重构造以外，还有橡胶密封圈式的瓶子。

设计上乘、外观精美

凹印"KILNER"logo 的瓶身与古典水果花纹的瓶盖，二者的组合凸显了欧式美。

WECK

韦克

带有可爱草莓标记的德国制保存容器。盖子采用橡胶密封圈和不锈钢卡扣的组合。大小和外形的种类都很丰富。

按照用途选择尺寸

瓶口宽的"Mold Shape"（模具几何形状）的 500mL（中）适合用来制作便当；如果要制作需要储存的沙拉等则需要 750mL（左）；制作调味汁则选择 80mL（右）为宜。

MUJI

无印良品

我在无印良品店里居然也发现了玻璃罐！其材质使用了厚厚的钠钙玻璃，尺寸和形状也有很多选择。附带橡胶密封圈，所以密封性更高。

500mL 大小的容器更为便利

此款玻璃罐尺寸不同，形状也不同，因而更方便使用。瓶口大、瓶身浅的 500mL 易于舀取食物，所以更适合用做思慕雪餐碗和便当容器。

7 REASONS TO USE THE MASON JAR
玻璃罐的 7 大优点

① 时尚

外观可爱又时尚！

不论是色彩艳丽的思慕雪，还是颜色丰富的
蔬菜沙拉，一旦放入透明的玻璃罐中就会变
得极为抢眼，就算没有其他装饰也非常可爱。

② 简单

可在罐中直接制作料理！

制作沙拉时直接在里面放入调味汁和蔬菜；制
作思慕雪时不仅可以活用瓶身的刻度，宽广
的瓶口更可以让手持搅拌棒轻松伸入。料理、
保存、餐具，3 大功能集于一身！

③ 便携

便于携带！

关紧盖子即可携带。不论是思慕雪、沙拉还
是便当，直接拿去参加带餐聚会都可以。

④ 便利

有刻度更便利！

瓶身侧面的刻度可代替量杯。称量、盛装，
一个容器即可解决。

深爱 Ball 公司生产的密封性良好的梅森罐类保存瓶的理由，
除了便于保存与可爱的外观，它的魅力依然满满。

5 环保

可再利用！

与一次性容器不同，玻璃罐只要清洁干净即可重复使用，即经济又环保！

6 清洁

清洁的同时杀菌！

要想长期保存食物，就要将罐子放入水中煮沸 10 分钟左右（盖子约 1 分钟），然后放置使其自然晾干即可。使用酒精消毒也可以。

7 密封保存

可密封保存！

构造拥有极高的密封性，数天内都能保证食材的新鲜度。可提前制作日后食用，因而更为便利。

【本书的规则】

☆ 本书中记载的 1 大勺 =15mL、1 小勺 =5mL、1 杯 =200mL。

☆ 如果材料无特别标注，均为使用标准大小的玻璃罐（480mL、500mL）制作的量。有时使用的玻璃罐大小会有所不同，所以先确认手边罐子的大小再灵活使用。

☆ 使用蔬菜和水果的量会因玻璃罐大小而不同，因此制作玻璃罐沙拉等时，需要使用量杯计算用量才能做好。

☆ 本书标注的保存时间仅为参考，具体保存时间和保存状态均会有所差异，所以需观察食材状况尽快食用完。

☆ 本书中菜谱所使用的盐为天然海盐。盐的种类不同会让成品的味道略有不同，请参考本书的用量，依照喜好斟酌增减。

☆ 推荐选择熟透的牛油果、番茄、芒果、香蕉等。

☆ 材料表中若写有"豆浆或杏仁牛奶"，可根据喜好加入牛奶来制作。

☆ 本书中解说的美容、健康功效，均是以营养学为基础得出的结论，但具体效果因人而异。

NO VEGETABLE' NO LIFE.

开始思慕雪
生活吧

SCENE
1

WHEN?

何时喝？

我推荐在早晨喝思慕雪。对消化系统负担较小的思慕雪能轻柔地唤醒你刚睡醒的身体。而且，上午是人体排毒的时间，饮用具有排毒效果的饮品更符合人体需求。但如果早晨较为匆忙，没有富裕时间慢慢饮用，到目的地后一口气喝完来补充营养也未尝不可。把思慕雪放入玻璃罐中带出门吧！

SCENE
2

WHAT KIND?

喝什么思慕雪才好？

根据当天的身体状况和心情，顺应身体的需求来选择，这才是真正地在享受思慕雪。但如果想为身体排毒减肥，那我还是更为推荐绿色思慕雪（P.34）。经常食用外卖或持续不健康的生活会导致人体内酸性过重，因而需要绿色思慕雪进行调整。富含丰富叶绿素的叶类蔬菜能有效地将人体进行碱性化，从而达到酸碱平衡。

关于
营养成分
》》

为什么不加热也可以？

大多数水果和蔬菜中的营养物质一旦加热就会被破坏，而思慕雪因其无需加热，所以能最大程度地保留其中的美容保健成分。不仅操作起来十分轻松，也更适合早晨饮用。

WHY? 为什么它健康？

将蔬菜与水果的精华融为一杯，不仅营养物质毫不流失，浓郁的味道也能让味蕾得到充分的满足。且本书中介绍的思慕雪使用的都是枫糖浆、蜂蜜、水果，无一不是天然的甜味食材，在增添甘甜的同时不会对人体产生任何负担。巧克力味的饮品也均是由无糖可可粉制作而成，就算是甜食，卡路里也不会超过100kacl，所以可以放心食用。

SCENE

3

HOW MUCH?

喝多少？

经常有人问我"1天内应该喝多少？"我只能说自己感觉舒服的量才是适合自己的量。有时一天想喝两三杯，有时连碰都不想碰，一切都以当天的身体状况和心情为先。女人的身体很敏感脆弱，所以不要勉强自己。最重要的是，要保持愉快的心情长期坚持饮用下去。

SCENE

4

LET'S TRY!

来实际体验一下吧！

当你开始享受思慕雪生活时，不经意的某一天，你就能切实感受到思慕雪带来的好处，脸部以及身体肌肤光滑、洁净、无赘肉。排出体内的废物后，排便也会顺畅！那种身心都变得轻盈无比的感觉，每个女人都应该感受一下。

怎么喝？

饮用时尽量使用吸管

饮用思慕雪时，为了保证牙齿健康请尽量使用吸管。毕竟有的思慕雪中加入了酸度较高的柑橘类水果，对牙釉质会有所损伤。

10 大排毒习惯

1

早起饮用
白开水

水能分解人体内的不纯物质，使其排出体外，还能提高身体的新陈代谢和消化功能。根据当天的身体状况，还可以滴入柠檬汁促进身体排毒，或加入蜂蜜缓解身体疲劳。

2

身体有浮肿时饮用
苹果醋水

苹果醋含有丰富的钾，有调节人体内细胞的水含量、利尿的功能，对人体浮肿非常有效。将1大勺苹果醋放入玻璃罐中，再加入1杯左右常温的水，即可做成苹果醋水。

3

每天饮用思慕雪

肚子饿时就来喝思慕雪吧！根据身体状况和心情来挑选思慕雪，再搭配一些点心。没有多余的卡路里和人工甜味剂，养成用营养丰富的蔬菜和水果来填饱肚子的习惯吧！

10 大排毒
习惯

这里将介绍一些思慕雪生活中每日必须保持的饮食习惯。改变食物和食用方法，将身体由内而外地清理干净。

4

多喝水

为了排出体内的废物，大量的水是必不可少的。如果不喜欢单纯白水的寡淡无味，请务必要尝试一下排毒水。里面富含水果与香草的营养元素，具有比普通的白水更好的排毒效果。

5

用餐时不要喝水

如果用餐时摄入大量的水分，会导致食物被水送服而没有得到充分地咀嚼，这会影响分解食物糖质的唾液分泌。与此同时，胃中的消化液也尚未分泌完全。因此充分咀嚼食物才能更好地提高人体的消化能力。

6
与其摄入咖啡因，
不如吃香草

控制咖啡、红茶等饮品的量，才能相应地控制具有强效兴奋作用的咖啡因摄入。我推荐大家喝无刺激且更健康的香草茶。想保持精神清爽可选择薄荷，想平稳心情可选择洋甘菊。

7
充分摄取
油脂

油脂能促进肠胃蠕动、提高新陈代谢，还能有效地改善便秘、防止手脚冰冷。我推荐果仁牛奶（P.68）、特级初榨（E.V.）橄榄油、可可油等优质的植物油脂。

每日蔬果汁

8
用充足的蔬菜
来净化身体

多吃些蔬菜和解毒性强的香草吧！本书中使用蔬菜的思慕雪和沙拉的菜谱旁均标注了总摄取量的约值（包括牛油果、蘑菇、豆类、地瓜类）。以1日内食用350g为目标！

9
1天适量吃1次谷物

谷物是人体的能量之源，对排便通畅也有十分显著的效果，但食用时要注意其中所含有的糖分。我推荐大家每天吃1次谷物，而且要适量。

10
选择无添加的食材

我认为人们应该尽可能食用天然的食材，因此在购买原材料时，我都会注意商品标签上是否标注了保存剂、防腐剂、添加物。一定要有意识地挑选优质的食材，这一点非常重要。

PART

1

DRINK

使用完整的蔬菜与水果清洁身体

玻璃罐饮品

富含维生素与其他营养成分的元气饮品、思慕雪。
将水果的精华转移到水里的排毒水；
柔和甘甜的果仁牛奶。
早晨，将这些健康饮品倒入玻璃罐中，开启愉悦的一天吧！

思慕雪的基础制作

首先我们需要一个搅拌工具。

可以选择价格适中、能轻松制作思慕雪的搅拌机，或者价格昂贵、但打出来的思慕雪顺滑无比的维他美仕料理机，抑或是在玻璃餐碗中就能轻松制作的轻便的手持搅拌棒。

多种选择能满足不同生活方式人们的多样需求。

便利的工具

搅拌机
200W 功率的强大转速能轻松制作美味的思慕雪。1L 的容量即可。

硅胶刮刀
能将残留在搅拌机里的思慕雪全部清理干净的利器。略带黏度的思慕雪容易黏在搅拌机里，有了它就能将其全部倒出。

维他美仕
（TNC5200）
这是集 900W 的超强功率与 2L 的超大容量于一身的高转速搅拌机。种子和皮也能轻松打碎，让思慕雪的口感更加顺滑细腻。

手持搅拌棒
这种搅拌器最为轻便，不仅能直接在玻璃餐碗里搅拌食材，清洁起来也十分方便。虽然做出来的成品口感略显粗糙，但它的使用不受场所限制，因此也是个不错的选择。

专栏 **使用手持搅拌棒制作思慕雪时**

如果制作皮较硬的水果或叶类蔬菜，那么使用手持搅拌棒会让成品的口感很粗糙，所以此款工具更适合搅拌香蕉、牛油果等柔软的食材。将食材切成小块，有皮的食材去掉皮，这样刀刃旋转得也会更轻松。

思慕雪的基础做法

先掌握思慕雪的基础做法。

再改变已知食材，调整为喜欢的口感，以此制作原创的思慕雪。

1

水中放入 1 小勺盐制作盐水，将蔬菜和水果放入浸泡 3~4 分钟，再用流水冲洗。

重点！
去掉食材表面的蜡。

2

将蔬菜和水果切成适当的大小。

重点！
如果使用搅拌机搅拌，即使切得稍大一点也可以。

3

将蔬菜和水果放入搅拌机中（记得要先放入柔软、水分多的食材），加入水等液体。盖好搅拌机的盖子，打开开关，将食材搅拌至顺滑。

重点！
如果食材中有叶类蔬菜，要最后放入，这样可以让刀刃更好地转动。

■ **食材的切法**

不论是蔬菜还是水果，洗净后去掉芯、种子、蒂、根部等坚硬或不吃的部分都是基础中的基础。

"叶类蔬菜和黄瓜"→切掉蒂。

"冷冻香蕉"→去皮。牛油果与芒果也是如此。

"番茄和苹果"→此类皮也能食用的水果去不去皮都可以。去掉果蒂。

"柑橘类"→橙子、柠檬、酸橙等要去掉果皮，取出果肉。

■ **冷冻的水果**

浆果类或桃子等冷冻食品能让人摆脱季节的限制，随时享受美味。本书中所用食材，不论冷冻还是新鲜均有涉及，只要能买到就都可以用。而冷冻的食材做出来的饮品不仅冰凉，色彩也更加艳丽。

■ **需要加入"冷冻香蕉"的思慕雪**

将香蕉剥皮后切成适当的大小，用保鲜膜包裹后放入冰箱冷冻即可。提前备好即可随取随用，十分便利。如果没有，也可以用新鲜的香蕉代替。

■ **需要加"水"的思慕雪**

依照喜好加水即可。书中标注的是标准的加水量，由于蔬菜和水果中的含水量不同，所以需自行斟酌加入。如果想让饮品更加冰凉也可以加入冰。

■ **需要加入"豆浆或杏仁牛奶"的思慕雪**

本书中虽然有些菜谱推荐放入豆浆或杏仁牛奶，但个人可根据自己喜好或体质选择普通牛奶代替。杏仁牛奶可以购买使用或自己制作（P.70、P.73）

■ **需要加入甜味料时**

本书所使用的均为蜂蜜或枫糖浆。个人可根据喜好选择其中一种。就算是巧克力味的食物，本书也是使用了纯可可发酵粉，所以无需忧心健康问题。

FRUITS SMOOTHIE

水果思慕雪

水果加水制作成思慕雪，是水果的最佳食用方法。
水能稀释水果中的果糖，从而避免血糖增高。
水果的随机组合也赋予了思慕雪多变的口味，营养价值随之上升。
另外，添加果仁牛奶、豆浆、可可等加以调味，
就能制作出思慕雪一般的甜品。
是空腹或下午茶时的不二选择。

排毒　美容

护发

阿萨伊浆果
思慕雪

●**材料**（玻璃罐 1 杯份）
冷冻阿萨伊浆果果酱（无糖）1 包（100g）
冷冻蓝莓 1/4 杯
冷冻草莓 5 个
柠檬汁 1/8 个
蜂蜜 1/2 大勺
豆浆或杏仁牛奶（P.70）200mL

●**做法**
将材料放入搅拌机内打成浆，倒入玻璃罐中，
还可根据喜好点缀蓝莓或薄荷。

※ 如果使用的阿萨伊浆果果酱里含糖，则相应地
减少蜂蜜的量来控制甜度。

小贴士！
热门的超级食物
"阿萨伊浆果"

阿萨伊浆果是一种具有超强抗衰老
作用的水果（P.77）。在超市或进口
食品店都能买到。购买果肉加工成
的果酱更方便使用。

花生酱香蕉
思慕雪

香蕉巧克力
星冰乐

花生酱香蕉思慕雪

● **材料**（玻璃罐1杯份）
香蕉 1/2 根
花生酱（无糖）、枫糖浆 各1大勺
肉桂粉 少许
水 1/2 杯
豆浆或杏仁牛奶（P.70）200mL

● **做法**
将材料放入搅拌机内打成浆，倒入玻璃罐中即可。

小贴士！
香蕉要选熟透的

香蕉可以提高人体免疫力。而香蕉上出现黑点（糖分证明）的熟香蕉，其免疫效果更强，味道也更甘甜。

香蕉巧克力星冰乐

● **材料**（玻璃罐1杯份）
冷冻香蕉 1 根
纯可可粉、初榨椰子油、枫糖浆 各1/2大勺
豆浆或杏仁牛奶（P.70）200mL

● **做法**
将材料放入搅拌机内打成浆。根据喜好在上面用巧克力酱、杏仁碎、椰肉丝装饰。

小贴士！
用椰子油减肥

椰子油具有良好的燃烧脂肪的作用（P.77），制作料理时多放些也没关系。它会因低温而凝固，但只要隔热水加热就能变回液体。

略加搅拌即可完成

专栏 **巧克力酱**

● **材料与做法**
将纯可可粉、初榨椰子油各1大勺，枫糖浆2大勺放入小号的玻璃罐中，用勺子搅拌均匀。

* 常温时可保存5天左右。气温过低会导致巧克力酱变硬，隔水加热即可使其恢复原样。即使巧克力酱变硬也可当做巧克力沙司抹在水果或面包上来享用。

巧克力浆果
思慕雪

总量 70g

● **材料**（玻璃罐 1 杯份）
冷冻蓝莓 1/2 杯
牛油果 1/2 个
纯可可粉、枫糖浆 各 1 大勺
豆浆或杏仁牛奶（P.70）200mL

小贴士！
体寒的女人要
多吃可可

可可中富含的铁元素能有效温暖
身体。不添加砂糖等物品的"纯
可可"可在点心材料店等地购买。

● **做法**（3 种相同）
将材料放入搅拌机内打成浆，倒入
玻璃罐中，根据喜好在上面装饰蓝
莓、草莓、薄荷。

排毒 美容
护发

草莓思慕雪

总量 70g

● 材料（玻璃罐 1 杯份）
冷冻草莓 10 个　牛油果 1/2 个
柠檬汁 1/4 个份　蜂蜜 1 大勺
水 200mL

小贴士！
草莓是美容水果

宛如酸奶般的味道和口感。草莓富含维生
素 C，具有美肤功效，每天 1 杯即可补充
身体所需维生素 C。

排毒 美容
瘦脸

牛油果蜂蜜柠檬

总量 70g

● 材料（玻璃罐 1 杯份）
苹果 1/4 个　牛油果 1/2 个
柠檬 1/2 个　蜂蜜 1 大勺
水 200mL

小贴士！
柠檬 + 牛油果，排毒效果翻倍

柠檬中所含的钾能排出人体内多余的水分，
而牛油果中富含的维生素 B_2 则能润滑肠道，
使排便更通畅。

● 材料（玻璃罐 1 杯份）
橙子 1 个
冷冻芒果 4 块
豆浆或杏仁牛奶（P.70）200mL

● 做法
将材料放入搅拌机内打成浆，倒入玻璃罐中即可。

小贴士！
芒果＋牛奶，加倍滋养皮肤
芒果富含具有美容功效的胡萝卜素和维生素 C。搭配能
滋润肌肤的杏仁牛奶，效果更上一层楼。

| 排毒 | 美容 |
| 护发 | |

橙子芒果思慕雪

美容　　护发

苹果姜汁
肉桂牛奶

● **材料**（玻璃罐 1 杯份）
苹果 1/2 个
香蕉 1/2 根
生姜（薄片）1 片
肉桂粉 1/2 小勺
枫糖浆 1 大勺
豆浆或杏仁牛奶（P.70）200mL

● **做法**
将材料放入搅拌机内打成浆，倒入玻璃罐中，再在上
面撒适量的肉桂粉（材料表外）即可。

小贴士！
能赶走寒冷的
生姜和肉桂

生姜与肉桂都具有很好的驱寒效果，
能温暖手足。将此款思慕雪微微加
热，做成热思慕雪也是个不错的选
择。

31

排毒　　美容

护发

热带
可可思慕雪

总量 150g

排毒　　美容

护发

奶油
可可紫思慕雪

总量 70g

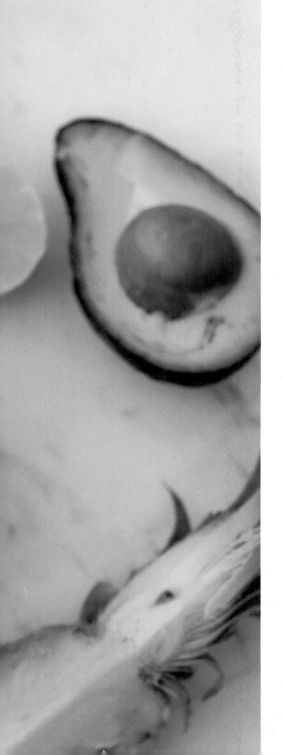

热带可可思慕雪

●**材料**（玻璃罐 1 杯份）
冷冻芒果、菠萝 各 2 块
橙子 1 个
生姜（薄片）1 片份
椰子油 200mL

小贴士！
滋润身体的
椰子油

椰子油中的电解质和矿物质成分非常
丰富，能有效补充人体水分，还能给
思慕雪增添些许热带风味。

奶油可可紫思慕雪

●**材料**（玻璃罐 1 杯份）
冷冻覆盆子 1/2 杯
牛油果 1/2 个
柠檬 1 个
蜂蜜 1 大勺
椰子油 200mL

小贴士！
使用水果的力量来美白
覆盆子和柠檬中富含的维生素 C 具有
预防皱纹、美白和收敛毛孔的功效。
用蓝莓代替覆盆子也可以。

●**做法**（2 种相同）
将材料放入搅拌机内打成浆，倒入玻璃罐
中即可。

GREEN SMOOTHIE

绿色思慕雪

叶类蔬菜内含有丰富的膳食纤维和叶绿素，使用叶类蔬菜制作的绿色思慕雪能有效去除堆积在肠道内的废物，是排毒的最佳饮品。
WOONIN 的绿色思慕雪所使用的材料是不仅气味芬芳，解毒效果也超强的香草系叶类蔬菜，排毒效果更佳。
而且这些绿色思慕雪中还特别添加了暖胃食材，让人在冬天也能放心享用。

排毒　瘦脸　美容

经典
绿色思慕雪

总量 30g

● **材料**（玻璃罐 1 杯份）
小油菜叶 1 根份
香蕉 1/2 根
苹果 1/4 个
橙子 1/2 个

● **做法**
将材料和 200mL 的水放入搅拌机内打成浆，倒
入玻璃罐中即可。

小贴士！
每天喝都
喝不腻的美味

这是一款最经典的绿色思慕雪。水果和水
能帮助小油菜中的膳食纤维清理肠道内的
废物，将毒素排出体外。

| 排毒 | 瘦脸 | 美容 |

鸭儿芹排毒
思慕雪

| 排毒 | 瘦脸 | 美容 |

水芹排毒
思慕雪

排毒	瘦脸	美容

欧芹排毒
思慕雪

排毒	瘦脸	护发

香菜奶味
思慕雪

※ 材料和做法参照 P.38

鸭儿芹排毒思慕雪　总量 50g

●**材料**（玻璃罐 1 杯份）
鸭儿芹叶 1 袋份
香蕉 1 根
柠檬 1/2 个
酸橙 1/2 个
水 200mL

小贴士！
鸭儿芹的香味
能安神

鸭儿芹的气味有宁神静气的作用。另外鸭儿芹中铁元素极其丰富，柠檬和酸橙能帮助人体吸收这些成分。

水芹排毒思慕雪　总量 45g

●**材料**（玻璃罐 1 杯份）
水芹叶 1 束份
香蕉 1/2 根
菠萝 1/10 个
生姜 1 块
水 200mL

小贴士！
肠胃感觉沉重时
吃点水芹吧

常用于肉类料理的水芹具有很好的促进消化的作用。而这一款思慕雪中还添加了拥有同样功能的菠萝和生姜，让效果加倍，是一款不可多得的清肠饮品。

欧芹排毒思慕雪　总量 110g

●**材料**（玻璃罐 1 杯份）
欧芹叶 1/2 袋份
牛油果 1/2 个
苹果 1/4 个
葡萄柚 1/2 个
水 200mL

小贴士！
浮肿严重时
试试欧芹 + 葡萄柚

欧芹和葡萄柚能有效地排出人体内的多余水分，具有很棒的消除水肿的作用。而苹果和牛油果则可以改善便秘，还你一个轻盈的体态。

香菜奶味思慕雪　总量 20g

●**材料**（玻璃罐 1 杯份）
香菜叶 2 根份
香蕉 1/2 根
柠檬 1/2 个
蜂蜜 1/2 大勺
豆浆或杏仁牛奶（P.70）250mL

小贴士！
使用香菜清理
身体内环境

香菜能有效抑制体内铅等有害物质的堆积；香蕉则含有丰富的钾，可以排出人体内多余的盐分。二者结合能更有效地为身体排毒。

●**做法**（4 种相同）
将材料放入搅拌机内打成浆，倒入玻璃罐中即可。

VEGETABLE POWER Smoothie!

排毒 瘦脸
美容

混合蔬菜
思慕雪

总量 155g

●材料（玻璃罐 1 杯份）
芹菜 1 根份
番茄 1/2 个
（或小番茄 3~4 个）
黄瓜 1/12 根
葡萄柚 1 个
酸橙 1 个

●做法
将材料和 150mL 的水放入搅拌机内打成浆，
倒入玻璃罐中即可。

小贴士！
使用沙拉剩余的蔬菜
来做 1 杯饮品吧！

做料理时经常被遗弃的芹菜叶其实有绝佳的
美容效果，再搭配能改善皮肤松弛的番茄、
黄瓜、葡萄柚，喝上一杯为你的肌肤美容吧！

排毒　　瘦脸
美容

绿紫苏
猕猴桃
排毒思慕雪

总量 100g

排毒　　美容
护发

茼蒿草莓牛油果
思慕雪

总量 130g

绿紫苏猕猴桃排毒思慕雪

●**材料**（玻璃罐 1 杯份）

绿紫苏 1 束

猕猴桃 1 个

苹果 1/4 个

柠檬 1/2 个

小贴士！

绿紫苏能提高免疫力，预防感冒

富含胡萝卜素和维生素 C 的绿紫苏能有效提高人体的免疫力。中药也常常用它入药使人体发汗，因此它也具有不错的暖身效果。

茼蒿草莓牛油果思慕雪

●**材料**（玻璃罐 1 杯份）

茼蒿叶 1/3 束份

牛油果 1/2 个

草莓 5 个

橙子 1/2 个

小贴士！

不论何时茼蒿都能让你的肌肤水润

茼蒿是一种能抑制活性氧活动的蔬菜。而草莓中的维生素 C 又能有效防止肌肤老化，保持肌肤的年轻活力。

●**做法**（2 种相同）

将材料和 200mL 的水放入搅拌机内打成浆，倒入玻璃罐中即可。可根据喜好装饰草莓等。

菠菜抹茶思慕雪

●**材料**（玻璃罐 1 杯份）

菠菜叶 1 根份
牛油果 1/2 个
苹果 1/4 个
抹茶 1 小勺
蜂蜜 1/2 大勺
水 200mL

小贴士！
菠菜＋抹茶，让身体不生锈
此款思慕雪能充分提取菠菜和抹茶中富含的抗氧化物质——叶绿素。其味道柔和易饮用，适合刚开始喝绿色思慕雪的人。

薄荷橙子牛奶思慕雪

●**材料**（玻璃罐 1 杯份）

薄荷 适量
牛油果 1/2 个
橙子 1 个
豆浆或杏仁牛奶（P.70）200mL

小贴士！
用清爽的薄荷来恢复元气
薄荷能舒缓心情，起到镇定的作用。而牛油果和杏仁则能保护肌肤不受干燥的侵蚀，有效滋润肌肤。

●**做法**（2 种相同）

将材料放入搅拌机内打成浆，倒入玻璃罐中即可。

排毒　　美容
护发

菠菜
抹茶思慕雪

总量 100g

排毒　　美容
护发

薄荷橙子
牛奶思慕雪

总量 75g

双色思慕雪

美容	护发

粉色＋绿色

总量 20g

美容	护发

紫色＋黄色

总量 70g

粉色＋绿色

●**材料**（240mL 的玻璃罐约 2 个份）

粉色
冷冻香蕉 1 根
冷冻草莓 5 个
水 50mL（视情况增减）

绿色
欧芹叶 1/2 袋份
冷冻香蕉 1 根
水 50mL（视情况增减）

小贴士！
味道与颜色的碰撞
由于思慕雪中水分较少，所以略硬的口感是关键。事先稍稍解冻香蕉，再放入搅拌机里会比较容易制作。

紫色＋黄色

●**材料**（240mL 的玻璃罐约 2 个份）

紫色
牛油果 1/2 个
冷冻蓝莓 1/2 杯
水 50mL（视情况增减）

黄色
冷冻香蕉 1 根
菠萝 1/10 个
水 50mL（视情况增减）

小贴士！
让心情愉悦的双色思慕雪
1 杯中能同时享受热带菠萝与酸甜浆果两种风味。使用冷冻蓝莓做出来的思慕雪的颜色比使用新鲜蓝莓的更为艳丽。

●**做法**（2 种相同）
1 分别将各自的材料放入搅拌机内打成浆，做成 2 种思慕雪。如果搅拌机的刀刃无法顺利转动，加少许水即可。
2 将下层思慕雪倒入玻璃罐呈半满，再慢慢倒入另一种颜色的思慕雪，可根据喜好装饰草莓、蓝莓。

可饮用的沙拉 ~冷汤~

杏仁
番茄汤

总量 85g

绿色西班牙凉菜汤

总量 235g

杏仁番茄汤

●**材料**（120mL 玻璃罐 3~4 个份）
杏仁牛奶（P.70）或豆浆 200mL
番茄 1/2 个
紫洋葱（切丝）1 大勺
味噌、枫糖浆 各 1 小勺
盐 1/3 小勺
欧芹萝粉 少许

小贴士！
可爱的夏季粉色靓汤
这是一款充满温和的杏仁牛奶味与酸甜的番茄味的
美味冷汤。如果使用豆浆那就是 "大豆番茄汤"。欧
芹萝的香味更能刺激食欲。

绿色西班牙凉菜汤

●**材料**（120mL 玻璃罐 3~4 个份）
牛油果 1 个
黄瓜 1 根
酸橙汁 1 个份
红辣椒 1/4 个
欧芹 1/2 袋
紫洋葱（切丝）1 大勺
蜂蜜 1/2 小勺
盐 1/3 小勺
水 150mL

小贴士！
将可食用花与香草冷却冰冻
的华丽之水
将可食用花和莳萝、百里香等香草
放入制冰盒中，再慢慢倒入水，就
能做成可爱的冰花。在它逐渐融化
时，能享受到香草的美味。

●**做法**（2 种相同）
将材料放入搅拌机内打成浆，倒入玻璃罐中即可。可根据
喜好撒上粗磨黑胡椒或用冰花装饰。

SMOOTHIE
BOWL

思慕雪餐碗

思慕雪＋顶部装饰，就是一份分量十足的餐点。
水果、格兰拉麦片、坚果、椰肉丝、花生酱等，
只要你喜欢，都能点缀你的思慕雪。
一罐就能充分补充维生素、矿物质、蛋白质，
在需要补充能量的早晨来上一份再好不过。
另外，坚果类与花生酱等还能为人体提供优质的脂质，
从而促进女性荷尔蒙的分泌，让你的肌肤和头发更有光泽。

思慕雪餐碗的顶部装饰

护发 | 美容

玻璃罐格兰诺拉麦片

●材料（玻璃罐 1 杯份）
燕麦（麦片）1/2 杯
粗略切碎的烤杏仁 3/4 杯
葡萄干、椰肉丝 各 1/4 杯
椰子油、枫糖浆 各 1 大勺
枫糖块 3 大勺
盐 1/3 小勺

●做法
将材料放入玻璃罐中盖紧盖子，
晃动使其充分混合。

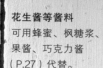

坚果碎、谷物类等
可以手工制作
（P.122），也可
购买成品使用。

花生酱等酱料
可用蜂蜜、枫糖浆、
果酱、巧克力酱
（P.27）代替。

椰肉丝
可在超市的点心
材料铺购买。

杏仁片等坚果类
什么坚果类都可以
搭配进来。

蓝莓等喜欢的水果
冷冻或新鲜的都可以。

49

阿萨伊浆果餐碗

总量 70g

●**材料**（350mL 玻璃罐 1 杯份）
冷冻阿萨伊浆果果酱（无糖）1 袋（100g）
牛油果 1/2 个
冷冻蓝莓 4 大勺
枫糖浆或蜂蜜 1 大勺
豆浆或杏仁牛奶（P.70）100mL

顶部装饰
花生酱、格兰诺拉麦片、草莓、蓝莓、
香蕉等　适量

●**做法**
将材料放入搅拌机内打成浆，倒入
玻璃罐中，撒上顶部装饰即可。

※ 如果使用的阿萨伊浆果果酱里含糖，
则相应地减少蜂蜜的量来控制甜度。

小贴士！
牛油果和阿萨
伊浆果的双倍
效果

牛油果中丰富的维生素 A、维生
素 C、维生素 E 和优质的脂质，
能有效防止人体老化，而同样具
有抗衰老作用的阿萨伊浆果就是
它最完美的搭档。

| 美容 | 护发 |

绿色
思慕雪餐碗

总量 30g

●材料（350mL 玻璃罐 1 杯份）
菠菜叶 1 根份
冷冻香蕉 2 根
苹果 1/4 个
豆浆或杏仁牛奶（P.70）100mL

顶部装饰

格兰诺拉麦片、谷物类、椰肉丝、
水果、薄荷等 适量

●做法
将材料放入搅拌机内打成浆，倒入玻
璃罐中，撒上顶部装饰即可。

小贴士！
购买成品的格兰诺拉
麦片也可以

将满是谷物和坚果的格兰诺拉麦片撒在
思慕雪上，不仅分量足，营养成分也更多。
使用手工制作的格兰诺拉麦片（P.49）当
然最好，但从市面上的众多商品中寻找
符合自己口味的也是一大乐趣。

草莓思慕雪餐碗

●**材料**（350mL 玻璃罐 1 杯份）
牛油果 1/2 个
冷冻草莓 6 个
枫糖浆或蜂蜜 1 大勺
豆浆或杏仁牛奶（P.70）100mL

顶部装饰
格兰诺拉麦片、谷物类、杏仁片、
水果、水果干等 适量

小贴士！
天然的甜味料——
"枫糖浆"

枫糖浆是枫树的树液。其中富含矿
物质、维生素、多酚等物质，营养
价值极高，是风味俱佳的甜味调料。

巧克力思慕雪餐碗

●**材料**（350mL 玻璃罐 1 杯份）
牛油果 1 个
纯可可粉、枫糖浆 各 2 大勺
杏仁粉 少许
盐 适量
豆浆或杏仁牛奶（P.70）150mL

顶部装饰
格兰诺拉麦片、杏仁片、水果、花
生酱等 适量

小贴士！
让你省去化妆的美丽之碗
可可能促进人体血液循环，提亮肤
色。而牛油果中的油酸则能保持肌
肤水润，使肌肤更有光泽。

●**做法**（2 种相同）
将材料放入搅拌机内打成浆，倒入玻璃
罐中，撒上顶部装饰即可。

| 美容 | 护发 |

草莓思慕雪餐碗
总量 70g

STRAWBERR

TOPPING

CHOCOLATE

美容 护发

巧克力
思慕雪餐碗
总量 140g

DETOX WATER

排毒水

近年来市面上流行各种各样的瓶装饮料，不论香味还是味道都很不错，但要谈及无添加、高营养，那我绝对推荐自己制作的排毒水。

只需要添加水、水果和香草即可完成，做起来非常简单。

原本水就有排毒的效果，再加上水果和香草中的维生素，美容效果更上一层楼，而且水果和香草中的水溶性维生素更易被人体吸收。它们的香味会微微浸入水中，对于不喜欢喝白开水的人来说，这种带有香气的水更容易被接受。它外表华丽，用来接待客人或当做聚会的饮品也是不错的选择。

它的制作方法非常简单，如果你能喜欢那就再好不过了。

排毒水的基础做法

排毒水比思慕雪制作起来更自由、更简单！
不仅气味芬芳，维生素也更充足。
让喝水更有乐趣。

材料只有这些
· 水
· 蔬菜和水果

1

香草摘掉叶子，肉厚的水果或蔬菜切成薄片。

重点！
让食材的味道充分浸入水中，让排毒水看起来更美丽的关键就在于将食材切薄。

2

将 1 和蜂蜜等甜味料放入玻璃罐中，加水后用搅拌棒搅拌均匀。

重点！
蜂蜜溶解后可以立刻饮用。

■ **洗净蔬菜和水果**
需要连皮一起使用的蔬菜和水果要事先洗净。

■ **柑橘类要剥皮**
进口的橙子、柠檬、酸橙等柑橘类水果表面会有防腐剂，使用时要剥掉皮。

■ **食材可以吃吗？**
放入水中的食材是可以吃的，但是由于浸泡时间太长会使它的味道变得寡淡，其中的营养成分和味道也已经全都溶入水中，所以只品尝水就好。

■ **冷冻的水果和新鲜的水果**
和思慕雪一样，使用哪种都可以。但冷冻的水果做出来的排毒水，香味和颜色更浓郁。

■ **提前放置一段时间**
关紧罐子的盖子放置一天后，其中的蔬菜和水果别有一番风味，但要将蔬菜和水果取出，并在 2 天内喝完。

■ **想喝冰饮时**
虽然我更推荐常温的饮品，但如果想喝冰饮，加冰即可。

■ **根据喜好加入甜味料来调节味道**
可根据喜好调整蜂蜜和枫糖浆的量。如果觉得原味更好喝，不放糖也可以。

猕猴桃柠檬
排毒水

● **材料**（玻璃罐 1 杯份）
猕猴桃（切片）3 片
柠檬（去皮切片）2 片
柠檬汁 1 大勺
枫糖浆 2.5 大勺

小贴士！
将猕猴桃的维生素
溶入水里

猕猴桃中含有丰富的维生素 C 和维生
素 E，具有超强的抗氧化作用。提亮肤
色的同时，还能提高人体的抗压能力。

枫糖柠檬
排毒水

● **材料**（玻璃罐 1 杯份）
柠檬（去皮切片）4 片
柠檬汁 1 大勺
枫糖浆 2.5 大勺

小贴士！
用柠檬汁做
元气能量

柠檬中丰富的柠檬酸能有效缓解疲劳。
加入少许盐还能起到排毒、预防中暑的
作用。

58

排毒　　美容

草莓柠檬
排毒水

●**材料**（玻璃罐 1 杯份）
草莓（切片）2~3 个份
柠檬（去皮切片）2 片
柠檬汁 1 大勺
枫糖浆 2.5 大勺

●**做法**（3 种相同）
将材料放入玻璃罐中，加 350mL 的水，
用搅拌棒搅拌。

小贴士！
草莓诱人的色彩
和香味

枫糖柔和的甜味最适合搭配酸甜的草
莓。加入喜欢的香草也很美味。使用冷
冻草莓也可以。

甜瓜 & 欧芹
排毒水

●材料（玻璃罐 1 杯份）
甜瓜（用勺子挖去种子）1/2 杯
欧芹（切 3 等分）1/2 根

小贴士！
用甜瓜来消肿

甜瓜和欧芹的香味出乎意料地合拍。
甜瓜能排出人体多余的水分，是缓解
水肿不错的选择。

黄瓜 & 柠檬
排毒水

●材料（玻璃罐 1 杯份）
黄瓜（用削皮器削成长薄片）4 片
柠檬、酸橙（去皮切片）各 2 片

小贴士！
调节人体水分、
强效排毒的黄瓜

或许你会诧异这居然只是杯黄瓜水，但
它在美国可是夏季必备的饮品。能调节
体内堆积的多余水分，从而减轻体重。

●做法（2 种相同）
将材料放入玻璃罐中，加 400mL 的水，用
搅拌棒搅拌。

排毒
瘦脸
美容

浆果&
橙子
维生素水

● **材料**（玻璃罐 1 杯份）
草莓（切片）2 片
冷冻蓝莓 1/2 大勺
橙子（去皮切片）1 片
蜂蜜 1 小勺
薄荷 适量

● **做法**
将材料放入玻璃罐中，加 200mL 的水，
用搅拌棒搅拌。

此款饮品色彩丰富，即便用做聚会饮品也没问
题。像图片中那样用缎带和花为玻璃罐做装饰，
点缀成华丽的饮品。

排毒　　美容

**櫻桃薑汁
蜂蜜水**

排毒　　瘦臉

**苹果肉桂
蜂蜜水**

樱桃姜汁蜂蜜水

● **材料**（240mL 玻璃罐 1 杯份）
黑樱桃（切片）3 个份
生姜（切片）3 片
蜂蜜 1/2 大勺

小贴士！
樱桃可抗衰老
黑樱桃中丰富的抗氧化物质能有效延缓肌肤衰老；生姜和蜂蜜则能提高人体免疫力，预防感冒。

苹果肉桂蜂蜜水

● **材料**（240mL 玻璃罐 1 杯份）
苹果（切片）4 片
橙子（去皮切片）1 片
肉桂枝 1 根
蜂蜜 1/2 大勺

小贴士！
用蜂蜜从内而外地补充元气
营养价值极高的蜂蜜能帮助人体内有益菌的生长，从而调整肠道环境；肉桂经常被中医入药制作胃药，二者相加，调理肠胃效果更好。

● **做法**（2 种相同）
将材料放入玻璃罐中，加 200mL 的水，用搅拌棒搅拌。

※ 加热水也可以。

排毒　瘦脸

菠萝柠檬
椰子水

● **材料**（玻璃罐 1 杯份）
菠萝（切块）1/10 个份
柠檬（去皮切片）3 片
椰汁 400mL

● **做法**
将材料放入玻璃罐中，用搅拌棒搅拌即可。

小贴士！
椰汁＋菠萝，提高新陈代谢
富含矿物质的椰汁和富含维生素 B_1 的菠萝，二者的结合能
有效促进人体新陈代谢，缓解疲劳。

排毒　　瘦脸

蓝莓
椰子水

●**材料**（玻璃罐 1 杯份）
冷冻蓝莓 1/4 杯
酸橙（去皮切片）3 片
椰汁 400mL

●**做法**
将材料放入玻璃罐中，用搅拌棒搅拌
即可。

小贴士！
缓解视疲劳的蓝莓
蓝莓中富含的花青素能防止视力下降。使用新鲜
蓝莓制作也可以。还可根据喜好加少许薄荷增添
清凉感。

专栏　　**放入水壶中凉饮**

如果不小心制作过量，可以将其放入水壶中用来招待客人。它比甜腻的
果汁更适合搭配餐点，不擅长喝酒的客人应该也会很喜欢。

排毒　瘦脸

洋甘菊
橙子水

●**材料**（玻璃罐 1 杯份）
橙子（去皮切片）3 片
生姜（切片）2 片
洋甘菊茶（茶包）1 袋
水 300mL

排毒　瘦脸

SPA 清洁
红茶

●**材料**（玻璃罐 1 杯份）
薄荷 1 杯
伯爵格雷红茶（茶包）1 袋
枫糖浆 2 大勺
碳酸水（无糖）300mL

排毒　美容

SPA 清洁
草莓绿茶

●**材料**（玻璃罐 1 杯份）
草莓（切片）3 个份
绿茶（茶包）1 袋
碳酸水（无糖）300mL

●**做法**（3 种相同）
预先用水泡好茶，再将材料放入
玻璃罐中。
※ 可随意添加喜欢的香草。

小贴士！
使用喜欢的茶包

"洋甘菊"的芬芳能镇定心情。"SPA 清洁
红茶"是将以色列人餐后必喝的伯爵格雷
红茶与薄荷组合而成的。而"绿茶"中的
儿茶素能减少人体对食物中脂肪的吸收。

小贴士！
喝碳酸水能
变漂亮

碳酸水能消灭导致人体疲劳的"乳酸"，
恢复人体活力，还能刺激肠道消除便秘，
提亮肤色，同时作用于血液提高新陈代
谢，更能使人产生饱腹感，防止进食过多。

NUTS MILK

果仁牛奶

一直以来，果仁牛奶和豆浆都是流行饮品。
清香扑鼻、味道浓郁、回味清爽是它最大的特征。
主要材料是生果仁和水。
制作方法很简单，只要用搅拌机搅拌一下就能做出如同牛奶般顺滑的饮品。
生果仁是指不经烘烤自然风干的果仁，可在点心材料铺购买。
生果仁中矿物质、蛋白质、抗氧化物质非常丰富，
如果你想减缓肌肤衰老或美容，那么它就是你的不二选择。
赶紧把它加进牛奶或豆浆里吧！

果仁牛奶的基础做法

用异常简单的方法就能将硬硬的果仁变成奶状，
做好的那一瞬间我感到深深的满足。

下面我将介绍独创的杏仁牛奶、核桃牛奶的做法。

材料只有这些
·水
·生果仁
·少许盐，嗜甜的人
　可加枫糖浆

将生果仁放入 2 倍的水中浸泡。

重点!
杏仁需要浸泡 8 小时；软核桃可以不用浸泡。

将滤干水的果仁、枫糖浆、水、盐一起放入搅拌机
内搅拌。

重点!
想喝无糖的果仁牛奶可以不放枫糖浆。

将食材搅拌至顺滑即可。

重点!
重复搅拌可以让牛奶口感更顺滑。

■ **提前浸泡果仁更便利**

提前一晚浸泡生果仁不仅可以使其柔软，还能
唤醒其中有利于睡眠的营养成分。浸泡好的果
仁滤干水后放入玻璃罐内，可放入冰箱冷藏 3
天左右，因此可提前做好几天的分量。

■ **用做料理时无糖更好**

要将果仁牛奶用做料理配料，或加入其他思慕
雪中时，我推荐使用无糖的。无糖的果仁牛奶
也可以直接饮用。

■ **搅拌机做起来更简单**

为了让果仁牛奶的口感顺滑，比起手持搅拌棒，
我更推荐使用搅拌机，它强大的马力能轻松地
将果仁中的纤维打散。

■ **做好后也可保存**

将果仁牛奶放入玻璃罐中盖紧盖子，可在冰箱
中冷藏 2~3 天。使用密封性良好的梅森罐就能
随时享用新鲜的牛奶了。

基础款

美容　护发

杏仁牛奶

最多可
冷藏
3 天

● 材料（玻璃罐 1 杯份）
生杏仁（提前浸水）2 大勺（约 16 粒）
枫糖浆 1.5 大勺（视情况增减）
盐 适量

● 做法
将材料和 350mL 的水放入搅拌机内搅拌至顺
滑，再倒入玻璃罐中即可。要放入思慕雪中时，
推荐使用无糖的。

小贴士！
营养宝库
——杏仁

杏仁中含有丰富的抗氧化物质、
蛋白质、钙、维生素 E，能由内而
外滋润肌肤，防止头发干枯、毛躁。

改良款

| 美容 | 护发 |

巧克力
杏仁牛奶

最多可
冷藏
3 天

●**材料**（玻璃罐 1 杯份）
生杏仁（提前浸水）2 大勺（约 16 粒）
枫糖浆 2 大勺（视情况增减）
纯可可粉 1 大勺
盐 适量

●**做法**
将材料和 350mL 的水放入搅拌机内搅拌至顺滑，
再倒入玻璃罐中即可。

小贴士！
试试"生可可"

用 1 大勺生可可粉代替纯可可粉也
可以。低温加工的低脂可可中所含
有的抗氧化物质是绿茶的 30 倍。

＊：此处的生可可粉是指将生可可豆用低温加
工方法制作而成，不添加其他成分的可可粉。
比普通制作的可可粉营养价值要高。

71

改良款

| 美容 | 护发 |

杏仁牛油果
思慕雪 2 种
~ 简易版 & 蓝莓版 ~
总量 70g

●材料 （240mL 玻璃罐 2 杯份）
生杏仁（提前浸水）2 大勺（约 16 粒）
枫糖浆 4 大勺（视情况增减）
盐 适量
牛油果 1 个
【制作蓝莓思慕雪时】
+ 冷冻蓝莓 4 大勺

●做法
将材料和 400mL 的水放入搅拌机内
搅拌至顺滑，再倒入玻璃罐中即可。

小贴士！
推荐谷物类 + 果仁牛奶

用谷物类搭配果仁牛奶做早餐未
尝不可。随意挑选自己喜欢的谷
物类做主食，但为了防止其中
的酶和营养元素流失，最好采
用低于 48℃来制作谷物。生谷
物粥*的营养价值更高。

＊：日本的格兰诺拉麦片是放入烤箱用 200℃
高温烤制而成的。而此处的做法则是采用食
品干燥机的温风烘干食材中的水分，过程中
温度不超过 48℃。

基础款

| 美容 | 护发 |

核桃牛奶

●**材料**（玻璃罐 1 杯份）
生核桃 3 大勺
枫糖浆 1.5 大勺（视情况增减）
盐 适量

●**做法**
将生核桃用流水洗净，与 350mL 的水放入
搅拌机内搅拌至顺滑，再倒入玻璃罐中即可。

小贴士！
核桃能刺激
脑部活化

生核桃的营养价值极高，富含 Ω-3
脂肪酸，能促进脑部活动，有 "益
智果" 的美称。

●**材料**（240mL 玻璃罐 2 杯份）
生核桃 3 大勺
枫糖浆 2 大勺
抹茶 1.5 小勺
盐 适量

●**做法**
将生核桃用流水洗净，与 350mL 的水放入搅拌
机内搅拌至顺滑，再倒入玻璃罐中即可。

小贴士！
来杯静心的
抹茶饮品吧！

抹茶中含有的茶氨酸，能有效缓解
紧张情绪。搭配防燥的坚果，能放
松身心。

改良款

| 美容 | 护发 |

抹茶核桃拿铁

改良款

| 美容 | 护发 |

草莓核桃思慕雪

● 材料（玻璃罐 1 杯份）
生核桃 2 大勺
枫糖浆 1 大勺
冷冻香蕉 1 根
冷冻草莓 5 个
盐 适量

● 做法
将生核桃用流水洗净，与 200mL 的水放入搅拌
机内搅拌至顺滑，再倒入玻璃罐中即可。

小贴士！
草莓＋核桃，
深层滋润肌肤

草莓中的维生素 C 能促进生成胶原
蛋白，保持肌肤弹性；核桃中的脂质
则可以保持肌肤滋润、有光泽。

藜麦

富含铁、钙等矿物质，还能补充人体每日所需的各种氨基酸。口味温和，容易食用，放入沙拉中粒粒生脆的口感也很棒。

来尝试下超级食物吧！

所谓的超级食物，是指营养均衡优于其他食物，或某部分营养成分非常多的食品。阿萨伊浆果和椰子油就是其中的典范，用来制作思慕雪和沙拉，用身体实际感受大自然伟大的馈赠吧！

小知识

SUPER FOOD

火麻仁

富含蛋白质和 Ω-3 脂肪酸，能保持肌肤健康，使头发光泽。还含有丰富的矿物质和食物纤维，香味近似芝麻，非常适合搭配日式食材食用。

椰汁

椰子成熟前里面透明的水分，其中电解质的构造与人体血液十分相似，因此最适合给人体补水。其中丰富的钾能有效消除水肿，镁则能促进人体新陈代谢。

阿萨伊浆果

巴西原产植物的果实，是水果中能吸收、消除活性氧，防止细胞老化的佼佼者。富含钙、铁、食物纤维等多种营养元素，是当之无愧的超级食物。

奇亚籽

紫苏科植物，奇亚的种子。吸收水分后口感惊人的柔软、黏稠。富含蛋白质、维生素、矿物质，还含有降低胆固醇值和中性脂肪值的 Ω-3 脂肪酸。

初榨椰子油

不仅能快速分解、燃烧脂肪，还能帮助燃烧已经堆积的脂肪。推荐选用低温压榨的品牌，这样才能无损其中的营养元素。

在哪儿购买超级食物？

健康食品店和一部分超市、进口食品店、网络等都可以购得。藜麦可以在超市的杂粮区购买。

PART

2

SALAD

提前制作，就算没有装饰也非常华丽。

玻璃罐沙拉

当我把多彩的蔬菜层层叠叠地放入透明的玻璃罐时，我被它的美貌所折服。买到梅森罐后，就跟我一起制作玻璃罐沙拉吧！需要提前发酵的沙拉是我的必备推荐。不仅保留了蔬菜的新鲜，还让蔬菜与调味汁的味道温和地融在一起的沙拉，不论什么时候都能让人大快朵颐！

JAR SALAD

玻璃罐沙拉 ~ 分层沙拉和发酵沙拉 ~

由于生活过于繁忙，我经常听到有人说"想吃既健康又美容的新鲜蔬菜"，毕竟蔬菜的优点是其他任何食物都无法替代的。面对有这样需求的女性，玻璃罐沙拉就是她们的救世主。

这里不仅有越是发酵味道就越是相得益彰的美味沙拉，更有将蔬菜重叠的分层沙拉，后者蔬菜的新鲜度绝对能让你大吃一惊。

只要使用密封性高的梅森罐，不要说需要腌渍的沙拉，就连分层沙拉里面的蔬菜都能保持数日内爽脆可口。下层的蔬菜吸收了调味汁的味道，放得越久越美味。

多做一些放入冰箱冷藏，这样不仅能随时吃到新鲜的沙拉，还能放到便当里或拿去参加带餐聚会。

鲜艳的色彩会让你成为众人瞩目的焦点。

分层沙拉的基础做法

让我来教大家如何将分层沙拉做得既美观，又能长时间保持新鲜吧！
本书菜谱里的材料表中标注了放置食材的顺序，以此为参考来制作即可。

1 准备好喜欢的调味料（P.92）。将食材切小。

重点！
焯水的食材要提前放凉。

2 将调味汁放入干净的玻璃罐中。

3 放入水分少的蔬菜或不易吸收调味汁的蔬菜（洋葱等）。

4 按照硬的蔬菜→水分多的蔬菜→蒸粗麦粉或意面等谷物类→葱等柔软的蔬菜这个顺序，最后放入叶类蔬菜，或用坚果等进行顶部装饰。

重点！
叶类蔬菜一定要滤干水分，否则就无法保证其新鲜度。

5 关紧盖子，放入冰箱内冷藏保存。

重点！
使用两层盖子的玻璃罐时，盖紧内盖后先用手指将盖子中间较软的金属部分摁至凹陷，再盖紧外盖。

6 食用时按照从上到下的顺序将沙拉倒入盘中，即可完成干净漂亮的装盘。将最下层的调味汁均匀地淋在蔬菜上进行装饰即可。直接从玻璃罐中食用时，先将玻璃罐横向晃动，使调味汁蘸裹在全部蔬菜上。

重点！
如果想在第二天以后食用，推荐使用密封性非常好的罐子（P.10~P.13）。

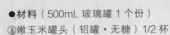

●**材料**（500mL 玻璃罐 1 个份）

①嫩玉米罐头（铝罐·无糖）1/2 杯
②黄瓜（切块）1/3 杯（1/2 根）
③番茄（切块）1/2 杯（1/2 个）
④蒸粗麦粉（干）1/4 杯
⑤万能葱*（圆片）1/4 杯（2 根）
⑥薄荷叶 1 杯

最佳搭档

地中海酱（P.95）3 大勺

●**做法**

1　将蒸粗麦粉和 50mL 热水放入碗中，加
入少许初榨橄榄油（材料表外），用保鲜膜
覆盖，蒸 5 分钟左右，放凉备用。

2　将调味汁放入玻璃罐中，将食材按照
①～⑥的顺序依次放入，盖紧盖子即可。

*：万能葱是青葱的一种。日本九州福冈朝仓市登录的
商品名。指炒、拌都可以的葱。

排毒

瘦脸

以色列
沙拉

**最多可
冷藏
5 天**　　**总量
225g**

**小贴士！
急需蛋白质时
就用金枪鱼**

这是一款充满清爽薄荷柠檬风味的以色列特
色料理。饭量大时不妨搭配金枪鱼来试试。

●材料（500mL 玻璃罐 1 个份）

①甜菜根（切块）1/2 杯（1/3 个）

②鹰嘴豆（罐头）1/4 杯

③白菜花（切小块）1/4 杯（2~3 朵）

④芹菜（切块）1/4 杯（1/8 根）

⑤橙子（去皮取出果肉）4 瓣

⑥酸奶油（或脱脂乳酪）2 大勺

⑦欧芹（粗略切碎）1 杯（1/2 袋）

最佳搭档

萨尔萨汁（P.94）3 大勺

●做法

将调味汁放入玻璃罐中，将食材按照①～⑦的顺序依次放入，盖紧盖子即可。

小贴士！
像罗宋汤一样
鲜红的沙拉

甜菜根与甜萝卜一样本身带有甜味，浸入调味汁中后红色素会慢慢释出，颜色非常美丽。富含维生素、矿物质，能有效预防雀斑、皱纹、皮肤松弛。

美容

瘦脸

红菜汤风味欧芹甜菜沙拉

最多可冷藏 **4** 天

总量 175g

 护发　美容

法式草莓莴苣
沙拉

最多可
冷藏
4天

总量
115g

●材料 （500mL 玻璃罐 1 个份）
① 鹰嘴豆 1/4 杯
② 紫洋葱（切丝）2 大勺
③ 芹菜（切片）1/2 杯（1/4 根）
④ 杏仁片 2 大勺
⑤ 草莓（切片）3 个份
⑥ 黑橄榄（切片）2 大勺
⑦ 脱脂乳酪 2 大勺
⑧ 莴苣叶（撕碎）1 杯（1~2 片）

最佳搭档

地中海酱（P.95）3 大勺

●做法
将调味汁放入玻璃罐中，将食材按照
①～⑧的顺序依次放入，盖紧盖子即可。

小贴士！
急需补充蛋白质时
试试熏咸鲑鱼

适合用来招待客人的颜色鲜
艳的沙拉。搭配熏咸鲑鱼或
生火腿等，更能让人享受美
食带来的乐趣。

护发

南瓜腰果
沙拉

最多可
冷藏
4 天

总量
270g

●**材料**（500mL 玻璃罐 1 个份）
① 芹菜（切片）1/2 杯（1/4 根）
② 紫洋葱（切丝）2 大勺
③ 南瓜（切块）1 杯（小 1/4 个）
④ 豌豆 1/4 杯（3 个）
⑤ 腰果 2 大勺

最佳搭档

中式芝麻酱（P.95）3 大勺

●**做法**
1　将南瓜和豌豆煮至略硬，放凉备用。
2　将调味汁放入玻璃罐中，将食材按照
　　①～⑤的顺序依次放入，盖紧盖子即可。

小贴士！
急需补充蛋白质时试试火腿

火腿是一种无需加工的食材。直接加进沙拉
里也没关系。

●材料（500mL 玻璃罐 1 个份）

① 茄子（切 5mm 的块）1/2 个份
② 黄瓜（切 5mm 的块）1/2 根份
③ 彩椒（红、切 5mm 的块）2 大勺
④ 秋葵（切 5mm 的块）3 根份
⑤ 野姜（切碎）1 个份
⑥ 嫩豆苗（切碎）适量
⑦ 绿紫苏 1 把

最佳搭档
日式姜蒜汁（P.94）3 大勺

●做法

将调味汁放入玻璃罐中，将食材按照①~⑦的顺序依次放入，盖紧盖子即可。

小贴士！
急需补充蛋白质时
试试蒸鸡肉

蒸鸡脯肉和鸡胸肉含有丰富的蛋白质，而卡路里含量却很低，肉质非常上乘。以山形本土料理"高汤汁"的材料为食材制作的沙拉，搭配米饭也是个不错的选择。

| 排毒 | 美容 |

带汤风味绿紫苏、野姜、茄子沙拉

最多可冷藏 **5 天**　总量 **180g**

●材料（500mL 玻璃罐 1 个份）

① 萝卜（切片）1/4 杯（1/10 根）

② 芜菁（切片）1/4 杯（1/4 个）

③ 葡萄柚（按瓣分开取出果肉）4 瓣

④ 迷你番茄（切片）3 个份

⑤ 粉丝 15g

⑥ 松子 1 大勺

⑦ 鸭儿芹叶 1 杯（1 袋）

最佳搭档

日式姜蒜汁（P.94）3 大勺

●做法

1　用热水泡发粉丝，放凉备用。

2　将调味汁放入玻璃罐中，将食材按照①～⑦的顺序依次放入，盖紧盖子即可。

小贴士！
急需补充蛋白质时
试试章鱼

加入煮章鱼这就是一道清爽的配菜沙拉。萝卜、芜菁、粉丝都有利尿的作用，能有效改善身体水肿，缓解皮肤松弛。

排毒　　瘦脸

萝卜鸭儿芹粉丝沙拉

最多可
冷藏
4 天

总量
205g

●材料（500mL 玻璃罐 1 个份）
① 芸豆（罐头）1/2 杯
② 胡萝卜（切块）1/4 杯（1/8 根）
③ 番茄（切片）1/4 杯（1/3 个）
④ 紫洋葱（粗略切碎）2 大勺
⑤ 牛油果（切块）1/4 杯（小 1/2 个）
⑥ 墨西哥薯片 2~3 片
⑦ 香菜叶 1 杯（2~3 根）

最佳搭档

萨尔萨汁（P.94）3 大勺

●做法
将调味汁放入玻璃罐中，将食材按照
①~⑦的顺序依次放入，盖紧盖子即可。

| 排毒 | 美容 |

墨西哥辣豆沙拉

最多可
冷藏
5 天

总量
235g

小贴士！
急需补充蛋白质时，
试试肉馅

用墨西哥卷饼包着炒肉馅和芝士，一口咬下
去，满满的塔科司风味扑面而来。就算是用
做聚会餐点也是一道别有风味的食物。

护发　　美容

根菜核桃白拌菜风味茼蒿沙拉

最多可冷藏 **5** 天　总量 275g

● 材料（500mL 玻璃罐 1 个份）

① 牛蒡（切丝）1/2 杯（1/6 根）

② 萝卜（用削皮器切薄片）1/2 杯（1/8 根）

③ 核桃（粗略切碎）1/4 杯

④ 小萝卜（切片）1/4 杯（2 个）

⑤ 白蘑菇（切片）1/4 杯（2 个）

⑥ 茼蒿叶 1 杯（1/3 把）

最佳搭档

tahini（芝麻）白酱（P.95）3 大勺

● 做法

将调味汁放入玻璃罐中，将食材按照①~⑥的顺序依次放入，盖紧盖子即可。

小贴士！
急需补充蛋白质时试试鸡肉

用熏鸡肉片当做午餐是个不错的选择。放入锅中加适量的水和味噌，就能做成一道不错的汤品。

生西葫芦
热蔬菜沙拉

最多可
冷藏
4 天

总量
170g

●**材料**（500mL 玻璃罐 1 个份）

①西葫芦（切圆片）1/4 杯（1/4 杯）

②胡萝卜（切块）1/4 杯（1/8 根）

③玉笋（水煮）3 根

④白菜花（按枝杈切开）1/4 杯（2~3 朵）

⑤西兰花（按枝杈切开）1/4 杯（2~3 朵）

⑥干烤杏仁（粗略切碎）适量

最佳搭档

tahini（芝麻）白酱（P.95）3 大勺

●**做法**

1　将胡萝卜、白菜花、西兰花煮至略硬，放凉
　　备用。

2　将调味汁放入玻璃罐中，将食材按照①～⑥
　　的顺序依次放入，盖紧盖子即可。

小贴士！

腌渍的西葫芦非常美味！

西葫芦大多是加热后食用，但其实生吃也
非常美味。把它放在沙拉的最下层，让它
充分吸收酱汁的味道吧！

90

排毒
美容

中式木耳
豆芽沙拉

最多可冷藏 4 天

总量
135g

● 材料（500mL 玻璃罐 1 个份）
① 黑木耳（切丝）1/2 杯
② 黄瓜（切丝）1/4 杯（1/4 根）
③ 彩椒（红、切丝）1/4 杯（1/2 个）
④ 彩椒（绿、切丝）1/8 杯（1/4 个）
⑤ 豆芽 1/2 杯
⑥ 松子 2 大勺

最佳搭档

中式芝麻酱（P.95）3 大勺

● 做法
1 用水泡发黑木耳，再将豆芽煮制略硬，放凉备用。
2 将调味汁放入玻璃罐中，将食材按照① ~ ⑥的顺序依次放入，盖紧盖子即可。

小贴士！
急需补充蛋白质时
试试虾

黑木耳搭配松子能有效滋润头发、肌肤，甚至是指甲。放入煮虾和蒸鸡肉等吃起来也很美味。

玻璃罐沙拉调味酱料

分层沙拉必备的调料，平常淋在喜欢的蔬菜上也可以。

萨尔萨汁

使用玻璃罐
制作调味汁的好处

1 ≫ **健康！**

自己亲手制作，保证卫生，
不用担心有添加剂和防腐剂。

2 ≫ **简单！**

只要将材料放入玻璃罐中即可，
短时间内就能制作完成。

3 ≫ **方便！**

在玻璃罐中做好后即可拿上餐
桌食用，减少餐具使用。

日式姜蒜汁

tahini（芝麻）白酱

 »» 易携带！

关紧盖子就能带走，拿去野餐或参加
带餐聚会都可以。

中式芝麻酱

 »» 新鲜！

将玻璃罐做好消毒工作就能保证酱料
的新鲜。保存期限参考各菜谱。

地中海酱

萨尔萨汁

最多可冷藏
5 天

●**材料**（120mL 玻璃罐 1 杯份）

初榨橄榄油 60mL
迷你番茄（切碎）3 个份
洋葱（切碎）2 大勺
酸橙汁 1/2 个份
苹果醋 1 大勺
辣椒粉 1 小勺
大蒜粉、盐 各 1/2 小勺

小贴士！
辣味是重点

酸酸的番茄和含有香料的辣椒粉异常搭配。辣椒粉能促进人体新陈代谢，增强血液循环。

日式姜蒜汁

最多可冷藏
5 天

●**材料**（120mL 玻璃罐 1 杯份）

太白芝麻油 100mL
酱油 2 大勺
米醋 1 大勺
姜粉、大蒜粉 各 1/2 小勺
白胡椒 少许

小贴士！
让你充分感受蔬菜的美味

生姜和大蒜是能促进人体血液循环、缓解疲劳的蔬菜。没有食欲时我推荐食用它。

●**做法**（5 种相同）
将所有的材料放入玻璃罐中，盖紧盖子上下晃动，直至所有的调料充分混合（tahini 白酱和中式芝麻酱很难通过晃动混合均匀，需要用勺子搅拌）。

tahini（芝麻）白酱

最多可冷藏 5 天

●**材料**（120mL 玻璃罐 1 杯份）
白芝麻碎 3 大勺
初榨橄榄油 80mL
柠檬汁 1/2 个份
枫糖浆 1 小勺
大蒜粉、盐 各 1/2 小勺

> 小贴士！
> **碎芝麻带来的浓郁口感**
>
> 在地中海地区，碎芝麻又叫做 "tahini"。此款酱料味道醇厚，吃起来十分有满足感。

中式芝麻酱

最多可冷藏 5 天

●**材料**（120mL 玻璃罐 1 杯份）
黑芝麻粉 3 大勺
太白芝麻油 80mL
芝麻油、蜂蜜、味噌、苹果醋 各 1 大勺

> 小贴士！
> **芝麻酱最适合搭配蔬菜**
>
> 香味十足的芝麻最适合刺激食欲。芝麻能预防肌肤和头发干燥，由内而外地滋润身体。

地中海酱

最多可冷藏 5 天

●**材料**（120mL 玻璃罐 1 杯份）
初榨橄榄油 100mL
柠檬汁 1 个份
黑芝麻 1/2 小勺
白芝麻 1/3 小勺
月桂叶 1 片
盐 1 小勺

> 小贴士！
> **适合任何蔬菜的墨西哥风味**
>
> 此款酱料具有浓浓的柠檬风味。橄榄油能润滑肠道，促进通便。

发酵沙拉

●材料（500mL 玻璃罐 1 个份）
胡萝卜 1 根
紫洋葱（切丝）1/2 杯（1 片）
葡萄干（干燥）1 大勺

A ┌ 初榨橄榄油 3 大勺
  │ 苹果醋、枫糖浆 各 1 大勺
  └ 盐 1/2 小勺

●做法
1 将 A 放入玻璃罐中充分混合。
2 用削皮器将胡萝卜切丝，与紫洋葱、葡萄干加入玻璃罐中，盖紧盖子，横向放倒，滚动罐子使食材和 A 混合。
3 放入冰箱内冷藏 20 分钟以上。

美容

胡萝卜丝

总量
200g

小贴士！
富含胡萝卜素的美容沙拉
胡萝卜富含胡萝卜素，能有效地保护皮肤和黏膜，对抗肌肤黯沉、黄褐斑、皱纹。

美容

瘦脸

泰式蔬菜丝

最多可
冷藏
3天

总量
155g

● 材料（500mL 玻璃罐 1 个份）
胡萝卜（切丝）1 杯（1/2 根）
紫洋葱（切片）1 大勺
柠檬皮（可用榨汁后的柠檬）1/4 个
香菜 1/2 杯（1 根）
彩椒（红）1/2 个
芹菜 1/4 根
粉丝（泡发好）1 杯（1/3 袋）

A
苹果醋 2 大勺
柠檬汁 1/4 个
初榨橄榄油 3 大勺
蜂蜜 1/2 大勺
辣椒粉 1/2 小勺
大蒜粉 适量
盐曲 1 小勺

● 做法

1　将 A 放入玻璃罐中充分混合。

2　将胡萝卜、紫洋葱、切丝的柠檬皮、切碎的
　　香菜、切丝的彩椒、切片的芹菜、粉丝放入
　　罐中。

3　盖紧盖子，将玻璃罐横向放倒，滚动罐子使
　　食材混合。

4　放入冰箱内冷藏 20 分钟以上。

小贴士！
柠檬增添民族风味
这款具有华丽民族风味的沙拉在带餐聚会
中十分有人气。将柠檬皮洗净后使用即可。

97

无蛋黄酱
咖喱土豆沙拉

最多可冷藏 **2**天　总量 **450g**

●材料（500mL 玻璃罐 1 个份）
土豆 4~6 个
欧芹（切碎）3 大勺
黄瓜（切片）1/2 杯（1/2 个）
紫洋葱（切片）2 大勺

A
┌ 初榨橄榄油 3 大勺
│ 豆浆或杏仁牛奶（P.70）1 大勺
│ 苹果醋、枫糖浆 各 1/2 大勺
│ 咖喱粉 1 小勺
│ 盐 1/2 小勺
└ 黑胡椒 适量

●做法
1 将 A 放入玻璃罐中充分混合。
2 土豆煮好后剥皮、碾碎，连同欧芹、黄瓜、紫洋葱一起放入 1 中。
3 盖紧盖子，将玻璃罐横向放倒，滚动罐子使食材混合。放入冰箱内冷藏 20 分钟以上。

小贴士！
就算没有蛋黄酱
也能做得奶味十足

用豆浆（或杏仁牛奶）和醋来制作，就算没有蛋黄酱也能将沙拉的味道做得浓厚、温和。再加上香辛料更能突出沙拉的美味。

护发

亚洲风味
凉拌卷心菜

最多可
冷藏
2 天

总量
140g

●**材料**（500mL 玻璃罐 1 个份）

卷心菜（切丝）2 杯（2 片）

胡萝卜（切丝）1/2 杯（1/4 根）

A
花生酱（无糖）、蜂蜜、米醋 各 1 大勺
姜粉、酱油、芝麻油 各 1/2 小勺
大蒜粉 适量

●**做法**

1　将卷心菜和胡萝卜塞满玻璃罐。

2　倒入搅拌至顺滑的 A，盖紧盖子，放入冰
　　箱内冷藏 1 小时以上。中途将玻璃罐横向
　　放倒，滚动罐子使食材混合。

小贴士！
卷心菜能恢复肠胃和肌肤的活力
卷心菜中的维生素 U 能有效恢复人体消化能力，使皮肤细腻。加上能预防老化
的花生，美容效果更上一层楼。

越南风味
腌菜

最多可
冷藏
5 天

总量
290g

排毒　　美容

2 种芥末
腌菜

最多可
冷藏
5 天

总量
165g

胡萝卜 & 南瓜 & 黄瓜

白菜花 & 小萝卜

越南风味腌菜

●**材料**（500mL 玻璃罐 1 个份）
萝卜（切丝）1 杯（1/4 根）
胡萝卜（切丝）1 杯（1/2 根）
芹菜（切丝）1/4 杯（1/8 根）

A ┌ 米醋、水 各 80mL
  ├ 蜂蜜 2 大勺
  └ 盐 1/2 小勺

●**做法**

1　将萝卜、胡萝卜、芹菜倒入玻璃罐中。

2　将混合好的 A 倒入罐中，盖紧盖子，放入冰箱中
　　冷藏一晚。

小贴士！
越南用它来制作三明治

将此款沙拉和香菜、烤猪肉一起夹到法式面包里，
再淋上少许鱼露，就能做成美味的越南三明治。

---

2 种芥末腌菜

●**材料**（240mL 玻璃罐 2 个份）
胡萝卜 & 南瓜 & 黄瓜
胡萝卜（切条）1/3 杯（1/8 根）
南瓜（切条）1/3 杯（1/6 个）
黄瓜（切条）1/3 杯（1/3 根）

白菜花 & 小萝卜
白菜花（按枝杈切开）1/2 杯（1/6 个）
小萝卜 4 个

A ┌ 苹果醋、水 各 80mL
  ├ 蜂蜜 1/2 大勺
  ├ 芥末粉、盐 各 1/2 小勺
  └ 姜黄粉 1/3 小勺

●**做法**

1　用两个玻璃罐分别装入两种沙拉的蔬菜。

2　将混合好的 A 分成两等份，分别倒入两个罐子中，
　　盖紧盖子，放入冰箱冷藏一晚。

小贴士！
具有美容效果的苹果醋
（apple cider vinegar）

苹果醋能平衡人体 PH 值，有效
预防肌肤粗糙。

西兰花梅肉
芝麻沙拉

最多可
冷藏
2 天　总量
235g

瘦脸

辣腌黄瓜

最多可
冷藏
2 天　总量
210g

西兰花梅肉芝麻沙拉

●**材料**（500mL 玻璃罐 1 个份）
西兰花（按枝杈切开）1 玻璃罐份
洋葱（切碎）2 大勺

A ┌ 太白芝麻油 3 大勺
  │ 梅肉、蜂蜜 各 1 大勺
  │ 炒白芝麻 2 大勺
  └ 盐 1/2 小勺

●**做法**
1 将 A 放入玻璃罐中充分混合。
2 将西兰花煮至略硬，放凉后放入 1 中。
  再放入洋葱。
3 盖紧盖子，将玻璃罐横向放倒，滚动罐
  子使食材混合。放入冰箱内冷藏 20 分
  钟以上。

小贴士！
有效缓解疲劳的梅干
梅干中富含柠檬酸，能有效缓解疲劳。加上西兰花中富含的维生素 C，
能有效提高人体免疫力。

辣腌黄瓜

●**材料**（500mL 玻璃罐 1 个份）
黄瓜（切条）2 根份
生姜（切片）2~3 片

A ┌ 酱油、芝麻油 各 2 大勺
  │ 太白芝麻油 1 大勺
  │ 辣油 1/2 小勺
  └ 红辣椒（切小丁）1 根份

●**做法**
1 将 A 放入玻璃罐中充分混合，再放入黄
  瓜和生姜。
2 盖紧盖子，将玻璃罐横向放倒，滚动罐
  子使食材混合。放入冰箱内冷藏一晚。

小贴士！
酷热天气用黄瓜来恢复活力
在酷暑天，黄瓜能平息人体内的燥热，有效消暑。

专栏　　**直接吃当然可以，配饭也不错**

两种沙拉搭配日式或中式料理都非常合适，就算当做下酒菜也很美味，
所以用它们做午餐或晚餐，不仅美味还很方便。

排毒

彩色牛蒡
腌泡菜

最多可
冷藏
3 天

总量
280g

●**材料**（500mL 玻璃罐 1 个份）

胡萝卜、芹菜 各 1/2 根

牛蒡 1 根

彩椒 1 个

干香菇（用水泡发）2~3 个

魔芋丝 1/2 杯（1/3 袋）

A ┌ 酱油 2 大勺
　├ 蜂蜜 1 大勺
　├ 炒白芝麻 3 大勺
　└ 太白芝麻油 3 大勺

●**做法**

1　将魔芋丝轻轻焯水；用削皮器将胡萝卜、牛蒡、芹菜切丝；彩椒切丝；干香菇切片。

2　将 A 放入玻璃罐中充分混合。将 1 的食材放入其中，盖紧盖子，将玻璃罐横向放倒，滚动罐子使食材混合。

3　放入冰箱内冷藏 20 分钟以上。

专栏　　**金黄牛蒡米**

将蔬菜满满地铺在饭上，拌入其中。芝麻油的香味让你吃得停不了口。把它当做紫菜包饭的卷料也是个不错的选择。

瘦脸　　美容

地瓜芳香醋腌泡菜

最多可
冷藏
3 天

总量
280g

● **材料**（500mL 玻璃罐 1 个份）

地瓜（切丁）1 杯（1/4 个）

苹果（切丁）1/2 杯（1/4 个）

紫洋葱（切丁）2 大勺

芹菜（切碎）2 大勺

A ┌ 初榨橄榄油 3 大勺
  │ 芳香醋 1/2 大勺
  │ 柠檬汁 1/4 个份
  │ 盐 1/2 小勺
  └ 黑胡椒 适量

● **做法**

1　将 A 放入玻璃罐中充分混合。

2　将地瓜放入水中煮至柔软后放凉备用。
　　再把地瓜、苹果、紫洋葱、芹菜放入 1 中。

3　盖紧盖子，将玻璃罐横向放倒，滚动罐
　　子使食材混合。完全冷却后放入冰箱内
　　冷藏 20 分钟以上。

小贴士
地瓜能预防
黄褐斑、雀斑，
美白效果极强

地瓜富含维生素 C，能有效预防黄褐斑、
雀斑。非常适合搭配味道浓郁的芳香醋。

白蘑菇油腌泡菜

●材料（500mL 玻璃罐 1 个份）

白蘑菇（切 4 块）3/4 玻璃罐

洋葱、彩椒（红）、欧芹（分别切碎）各 2 大勺

A ┌ 芳香醋 2 大勺
  │ 盐 1/2 小勺
  └ 黑胡椒、大蒜粉 各适量

初榨橄榄油 约 1 杯

●做法

1　将白蘑菇、洋葱、彩椒、欧芹放入玻璃罐中，加入 A。

2　倒入橄榄油至玻璃罐一半的位置，盖紧盖子，放入冰箱内冷藏一晚。

小贴士！

橄榄油具有超强的抗氧化作用

橄榄油中含有丰富的抗氧化物质，将其用在腌菜中，不论搭配红酒，还是搭配肉类料理都十分美味。

紫甘蓝苹果核桃腌泡菜

●材料（500mL 玻璃罐 1 个份）

紫甘蓝（切丝）1.5 杯（1/6 个）

苹果（切碎）1/2 杯（1/4 个）

紫洋葱（切片）2 大勺

核桃（粗略切碎）2 大勺

葡萄干（干燥）1 大勺

A ┌ 初榨橄榄油 3 大勺
  │ 苹果醋 2 大勺
  │ 欧莳萝粉 1/3 小勺
  └ 盐 1/2 小勺

●做法

1　将 A 放入玻璃罐中充分混合，再放入紫甘蓝、苹果、紫洋葱、核桃、葡萄干。

2　盖紧盖子，将玻璃罐横向放倒，滚动罐子使食材混合。放入冰箱内冷藏 20 分钟以上。

小贴士！

紫色能让你重返年轻

紫甘蓝中能抗氧化的花青素和美容效果极高的胡萝卜素、维生素 C 都能让女人越来越美丽。

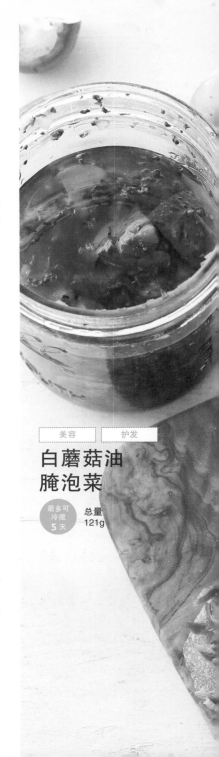

美容　　护发

白蘑菇油
腌泡菜

最多可冷藏 5 天　　总量 121g

美容　　瘦脸

紫甘蓝苹果
核桃
腌泡菜

最多可冷藏 4 天　总量 220g

玻璃罐 DIY

玻璃罐直接使用固然很可爱，
但是加点简单的设计，就能让它变得更美观。
下面我将介绍怎样用身边的东西来装饰玻璃罐。

勺子

这是将勺子插在绳结上的做法。
带着玻璃罐去参加带餐聚会或野
炊时，只要一个小小的勺子就能
让你的玻璃罐有大不同。

用绳子在玻璃罐上一圈圈地绕，
最后将花或香草插在蝴蝶结上，
就能让玻璃罐变得更可爱。拿来
当做家庭聚会或招待客人的饮品
都是不错的选择。

花或香草

DIY
方法

用蜡纸将玻璃罐盖住，用绳子绑
住打个结就装饰完成。如果是带
内盖的两层盖子，就算罐子里
的东西水分很多也不必担心纸
被湿透。

用玻璃罐代替花瓶。不会插花也
没关系，减少花的种类就能让花
瓶带有天然不造作的美感。

蜡纸

花瓶

纸吸管

用耐水性良好的纸做的吸管，其亮点就在于它可爱的色彩和花纹。把它插到玻璃罐饮品中，饮用时心情也会变好。

为
玻璃罐
装饰

缎带

拥有丝绸般光泽的缎带会给玻璃罐带来成熟可爱的感觉。把它绑在格兰诺拉麦片、甜点或果酱的瓶子上当做礼物送出去吧！

手工旗

自己裁纸制作标签。用打孔机在上面打两个洞，穿在吸管上，做成童趣十足的小旗子。

这是我无意间在杂货店发现的纸标签。用打孔机打个洞，再将绳子穿过系在玻璃罐上，就像可出售的商品一样。

这个字母印章是我在300日元店（类似国内的10元店）找到的。用它就能随意制作出菜单名或客人名字的小标签啦！

纸标签

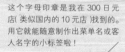

印章

PART

3

LUNCH
&
SWEETS

可当做午餐、早午餐或午后零食

玻璃罐便当 &
玻璃罐甜品

接下来就让我给大家介绍一道吃起来比思慕雪和沙拉更回味无穷，还可以当做午餐或早午餐的便当。
什么形状的玻璃罐都可以，但我更推荐大家使用瓶口宽广的，这样吃起来更方便。不仅可以当做日常菜品，还能带出去野餐。

JAR
LUNCH BOX

玻璃罐便当

当我还是一个公司职员的时候，每天早晨做好的新鲜便当，
到中午吃时里面的蔬菜早已经被压扁了，我为此苦恼不已。
但是自从有了梅森罐，我就再也不用担心这一点了！
它良好的密封性使里面的蔬菜就算过了一上午，还能保持
爽脆的口感。
米饭、面等碳水化合物，加足量的蔬菜，搭配适量的优质油，
每次吃到玻璃罐便当，不论是我的肚子还是内心都感受到
了深深的满足。

藜麦沙拉便当

最多可
冷藏
5 天

总量
125g

● **材料**（500mL 玻璃罐 1 个份）

① 芸豆（罐头）1/4 杯

② 胡萝卜（切丁）1/4 杯（1/8 根）

③ 黄瓜（切丁）1/4 杯（1/4 根）

④ 藜麦（干燥）1/3 杯

⑤ 芹菜（切丁）1/4 杯（1/8 根）

⑥ 牛油果（切丁）1/4 杯（小 1/4 个）

⑦ 薄荷 适量

最佳搭档

地中海酱（P.95）3.5 大勺

● **做法**

1　将藜麦、250mL 的水和适量盐（材料表外）
　　放入锅中，中火加热。不停翻搅防止糊锅，
　　水干后关火，放凉备用。

2　将调味汁放入玻璃罐中，将食材按照①～⑦
　　的顺序依次放入，盖紧盖子即可。

小贴士！
用藜麦来清理肠胃
藜麦是产自南美的杂粮（P.76）。富含食物纤维，搭配蔬菜一起食用，有
更好的调理肠胃效果。

护发　　美容

牛油果米饭
沙拉便当

最多可
冷藏
2天

总量
140g

● 材料〔500mL 玻璃罐 1 个份〕
① 洋葱（切碎）1 大勺
② 胡萝卜（切丁）1/2 杯（1/4 根）
③ 黄瓜（切丁）1/4 杯（1/4 根）
④ 杏仁片 2 大勺
⑤ 冷饭 1/2 杯
⑥ 火麻仁 2 大勺
⑦ 牛油果（切片）4~5 片
⑧ 嫩豆苗 适量
⑨ 迷你番茄 2~3 个

A
- 柚子胡椒 1/4 小勺
- 太白芝麻油 3 大勺
- 苹果醋、酱油 各 1/2 大勺
- 盐 1/3 小勺
- 黑胡椒 适量

● 做法
将 A 放入玻璃罐中充分混合，再将食材按照
①~⑨的顺序依次放入，盖紧盖子即可。

小贴士！
用火麻仁美容

火麻仁是种富含优质蛋白质的超级食物
（P.76），如果买不到可以用炒白芝麻代
替。米饭不论是白米、糙米还是杂粮米
都可以。

排毒　　瘦脸

肉汁烩饭风味麦片便当

最多可
冷藏
2~3天

总量
185g

●**材料**（500mL 玻璃罐 1 个份）
麦片（干燥）1/2 杯
熟透的番茄（切丁）1 个份
紫洋葱（切碎）2 大勺
欧芹（切碎）1/3 杯

A
苹果醋 2 大勺
盐曲 1.5 小勺
初榨橄榄油 3 大勺

●**做法**

1　将麦片、300mL 的水和适量盐（材料表外）放入锅中，中火加热。不停翻搅防止糊锅，水干后关火，放凉备用。

2　将 A 放入玻璃罐中混合，再将 1、番茄、洋葱放入其中混合，最后撒上欧芹盖紧盖子即可。

小贴士！
麦片脆脆的口感很棒
麦片中含有均衡的水溶性和非水溶性
食物纤维，能促进肠道蠕动。

115

毛豆意面便当

最多可
冷藏
2~3天

总量
65g

● **材料**（500mL 玻璃罐 1 个份）
螺旋面（干燥）1.25 杯
毛豆（煮好后取出豆子或冷冻豆子）
　　1/4 杯（20 粒）
迷你番茄（切片）2 个份
嫩菜叶 1/4 杯

A ⎡ 初榨橄榄油 3 大勺
　 芳香醋 1 小勺
　 盐 1/3 小勺
　⎣ 大蒜粉、黑胡椒 各适量

● **做法**
1　将螺旋面煮至略硬，放凉备用。
2　将 A 放入玻璃罐中混合，再放
　　入螺旋面混合，最后加入毛豆、
　　迷你番茄、嫩菜叶后盖紧盖子
　　即可。

小贴士！
制作便当推荐
用螺旋面

短的意面不仅容易裹满酱汁，
吃起来也方便。而且弹性不
错，适合做便当。撒一些帕
尔玛干酪也很好吃。

美容

面条沙拉便当

最多可
冷藏
2~3天

总量
60g

●**材料**（500mL 玻璃罐 1 个份）
冷冻乌冬面 1.5 杯（1 团）
芹菜（切碎）1/4 杯（1/8 根）
黄瓜（切碎）1/4 杯（1/4 根）
野姜（切碎）1/4 杯（1 个）
嫩豆苗 适量
梅干 1 个

A
太白芝麻油 3 大勺
酱油 1 大勺
苹果醋 1 小勺
姜粉 适量
炒白芝麻 2 大勺
芥末酱 少许

●**做法**

1 按照包装袋上的说明煮冷冻
乌冬面，然后用流水冲去表
面的黏液并控干水分。

2 将 A 放入玻璃罐中混合，再
放入乌冬面搅拌，最后加入
蔬菜类和梅干，盖紧盖子即
可。

小贴士！
浓香味美的
沙拉乌冬面

我推荐选择有嚼劲、不绵软
的冷冻乌冬面。面条上蘸满
芝麻和芝麻油，光看外表就
让人食指大动。

PART
3

LUNCH&
SWEETS
玻璃罐便当

JAR
SWEETS

玻璃罐甜品

玻璃罐甜品不仅甜味适中，量也适中，非常适合做点心。
材料均以水果或坚果等健康的食物为主，让爱美人士也
可以放心地吃。

多做一些放在冰箱里，做宵夜、做早餐都可以，肚子饿
时拿它来填填胃也不错。

超级食物的味道和它也很搭配，所以可以尽管放心地把
它当做甜点食用。不用烤的甜脆皮和不用任何白砂糖的
菜谱是我的最佳推荐。

HOMEMADE
& delicious
ALMOND

护发　　美容

杏仁牛奶粥

最多可
冷藏
2天

● 材料（350mL 玻璃罐 1 个份）
麦片粥（燕麦）1/2 杯
杏仁牛奶（P.70）200mL
枫糖浆 1 大勺

● 做法
1. 将燕麦粥、杏仁牛奶、枫糖浆放入玻璃罐
中混合，放置 15 分钟直至变得黏稠。
2. 放上喜欢的黑莓等水果做装饰。

小贴士
麦片粥——燕麦片粥
麦片粥是指将燕麦压碎做成的食物，富含食物纤维和钙。加水后不用加热
就能变成像粥样的稠状。最适合早晨食用，当然晚上熬夜时当做宵夜也是
个不错的选择。

護髮　　美容

奇亚籽布丁 ~抹茶 & 巧克力~

●材料（240mL 玻璃罐 2 个份）

■抹茶奇亚籽布丁
奇亚籽 6 大勺
枫糖浆 1 大勺
抹茶核桃拿铁（P.74）400mL

■巧克力奇亚籽布丁
奇亚籽 6 大勺
枫糖浆 2 大勺
巧克力杏仁牛奶（P.71）400mL

●做法
将奇亚籽、枫糖浆等分成两份放入玻璃罐中，再将抹茶核桃拿铁、巧克力杏仁牛奶分别
放入两个罐中。盖紧盖子晃动，放置 20 分钟以上。

小贴士！
"奇亚籽"令人颤抖的口感
令人瞩目的超级食物"奇亚籽"（P.77）在吸收了水分
后会膨胀，吃起来的口感非常像木薯淀粉。前一天晚
上做好第二天早晨吃也没问题。

护发　　美容

不烤的苹果脆

●**材料**（200mL 玻璃罐 2 个份）
苹果（用削皮器切片）1/2 杯（1/4 个）

■**不用烤的甜脆皮**
干烤杏仁、生核桃 各 1/4 杯
椰子油、枫糖浆 各 1 大勺
肉桂粉 1 小勺
肉豆蔻粉 1/2 小勺
盐 1/3 小勺

●**做法**
1　将甜脆皮的材料放入带有拉链的塑料袋内，用玻璃罐底部碾碎。
2　把苹果放入玻璃罐中，再将 1 的甜脆皮铺在上面即可。

专栏　　**利用玻璃罐轻松制作甜脆皮**

原本甜脆皮是要将材料放入烤箱内烤制的，但在这里用玻璃罐碾碎就能轻松制作。满满的坚果使其香味四溢。不烤制食材的营养元素就不会被破坏，制作起来也方便。放入冰箱可以保存 3 天左右。最适合做思慕雪餐碗或桃子奶油的顶部装饰。

排毒	美容	瘦脸

牛油果
桃子奶油

总量 70g

● **材料**（120mL 玻璃罐 2 个份）
牛油果 1/2 个
桃子和牛油果同样分量
枫糖浆 1 大勺

● **做法**
将材料和 2 大勺水放入搅拌机（使用食品处理机或手持搅拌棒也可以），搅拌至顺滑。搅拌机刀刃无法很好旋转时可以稍微加一点水。

小贴士！
新鲜或冷冻的
桃子都可以

桃子富含水溶性食物纤维，能有效促进肠胃蠕动。使用甜瓜、菠萝、芒果制作也可以。

护发　　美容

马斯卡邦尼奶酪
水果葡萄酒蛋糕

●材料（240mL 玻璃罐 2 个份）
不用烤的甜脆皮（P.122）1/2 杯
马斯卡邦尼奶酪 1/2 杯
喜欢的水果（图片中使用了切成 4 瓣的草莓、
按瓣分开取出果肉的橙子、切丁的猕猴桃）
适量
蜂蜜 1 大勺

●做法

1 将甜脆皮放入玻璃罐中，再一层一层铺上水果（留一部分做装饰），上面撒上马斯卡邦尼奶酪。
2 用剩下的水果做顶部装饰，最后淋上蜂蜜。

专栏　**铺上奇亚籽布丁再撒上奇亚籽，吃多少都很健康**

用大容量的玻璃罐制作时，可在最上面铺上奇亚籽布丁（P.121）或牛油果桃子奶油（P.123），做成豪华甜品。没有生奶油也会吃得很满足，不论吃多少都很健康。

材料索引

图书在版编目(CIP)数据

　　玻璃罐,蔬果变形计:思慕雪、沙拉、排毒水…… /
(日)WOONIN著;谷雨译. —— 北京:光明日报出版社,
2016.4

　　ISBN 978-7-5194-0120-7

　　Ⅰ.①玻… Ⅱ.①W…②谷… Ⅲ.①蔬菜－食谱②水
果－食谱 Ⅳ.①TS972.123

　　中国版本图书馆CIP数据核字(2016)第039867号

著作权登记号:01-2016-1206

JAR SMOOTHIE & SALAD

© WOONIN 2015

Originally published in Japan in 2015 by SHUFUNOTOMO CO.,LTD.

Chinese translation rights arranged through DAIKOUSHA INC.,Kawagoe.

玻璃罐,蔬果变形计:思慕雪、沙拉、排毒水……

著　　者:(日)WOONIN		译　　者:谷　雨	
责任编辑:李　娟		策　　划:多采文化	
责任校对:于晓艳		装帧设计:田晓波	
责任印制:曹　净			

出版方:光明日报出版社

地　　址:北京市东城区珠市口东大街5号,100062

电　　话:010-67022197(咨询)　传　真:010-67078227,67078255

网　　址:http://book.gmw.cn

E-mail:gmcbs@gmw.cn　lijuan@gmw.cn

法律顾问:北京德恒律师事务所龚柳方律师

发行方:新经典发行有限公司

电　　话:010-62026811　E-mail:duocaiwenhua2014@163.com

印　　刷:北京艺堂印刷有限公司

本书如有破损、缺页、装订错误,请与本社联系调换

开　　本:889×1270　1/32

字　　数:120千字　　　　　　印　　张:4

版　　次:2016年4月第1版　　印　　次:2016年4月第1次印刷

书　　号:ISBN 978-7-5194-0120-7

定　　价:39.80元